思維遊戲大挑戰

修訂版

一分鐘破案小偵探 1

神秘事件

楊仕成 編繪

新雅文化事業有限公司
www.sunya.com.hk

思維遊戲大挑戰

一分鐘破案小偵探 1：神秘事件（修訂版）

編　　繪：楊仕成
責任編輯：胡頌茵、黃楚雨
美術設計：王樂佩、郭中文
出　　版：新雅文化事業有限公司
香港英皇道 499 號北角工業大廈 18 樓
電話：(852) 2138 7998
傳真：(852) 2597 4003
網址：http://www.sunya.com.hk
電郵：marketing@sunya.com.hk
發　　行：香港聯合書刊物流有限公司
香港荃灣德士古道 220-248 號荃灣工業中心 16 樓
電話：(852) 2150 2100
傳真：(852) 2407 3062
電郵：info@suplogistics.com.hk
印　　刷：中華商務彩色印刷有限公司
香港新界大埔汀麗路 36 號
版　　次：二〇二三年九月初版
二〇二四年五月第二次印刷

ISBN: 978-962-08-8254-8

18/F, North Point Industrial Building, 499 King's Road, Hong Kong
Published and Hong Kong SAR, China
Printed in China

鳴謝：
本書第 125-128 頁的照片來自 Pixabay（https://pixabay.com）

目錄

小偵探學堂

賊喊捉賊

案情說明

一個賊人深夜潛入一棟高層公寓行竊。但行竊不久，他就主動給警察局打電話報警，隨後就被警察拘捕了。這是怎麼一回事呢？難道他突然良心發現，想投案自首？

破案關鍵

原來，在這個賊行竊時，不小心從高處摔了下來，摔斷腿了。於是，賊人只好打電話給報案中心求助。雖然他被警察當場拘捕了，但是他卻慶幸自己能及時獲得救治。

死亡原因

案情說明

一天，探長接到報案，說鴻運公司的老闆江松喝下氰化物自殺了。我們知道，人喝了氰化物會引致身體麻痺，立即斃命。那麼，你看了現場後，認為江松是自殺，還是他殺？

破案關鍵

他殺。既然氰化物會使人麻痺，那麼江松死後，他的右手就不可能還握着毒藥瓶。據此，可以推斷江松手中的瓶子是在他死後被犯人放到手中的。

氰化物是一種劇毒化學劑，是無色氣體；當混入液體時呈透明，帶有淡淡的苦杏仁味。氰化物的急性中毒的症狀包括：噁心、嘔吐、頭痛、身體麻痺、抽搐、呼吸衰竭，嚴重時可迅速引致死亡。

奇怪的舉動

案情說明

市區一家博物館珍藏了很多珍貴的繪畫藝術品。有一天，幾個男子不但沒有購票，而且不排隊就徑直衝入博物館內，並對着這些名畫潑水，弄濕了很多畫。事後，警察局和博物館的館長竟然表揚了這幾個人。

小偵探們，你覺得這可能嗎？

破案關鍵

這是可能的。因為博物館起火了，那些衝入博物館的人其實是一羣消防員，他們撲滅了大火，當然受到了表揚。

可憐的大鬍子

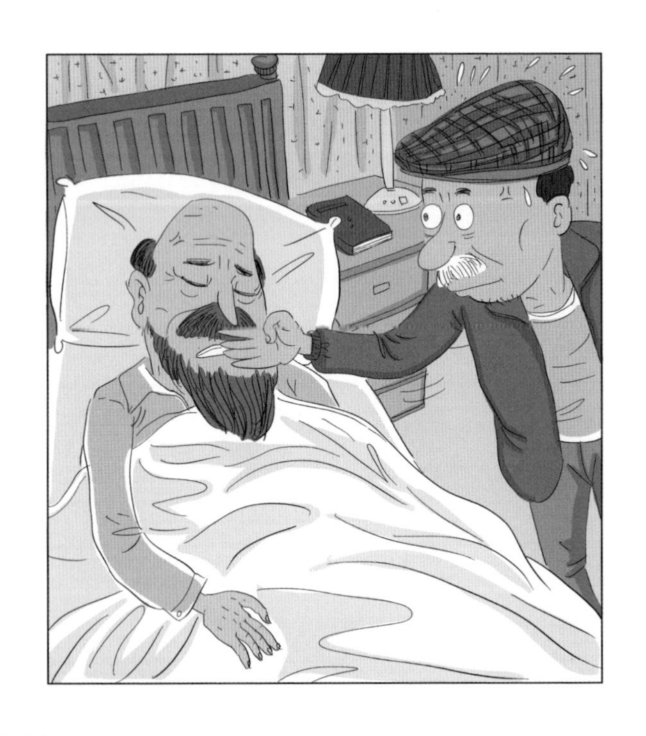

案情說明

大鬍子馬西教授被人殺害，兇手是用手捂住教授的口鼻，令他窒息死亡的。探長到現場調查時，馬西的助手，陳先生說：「太不幸了，去年我向高利貸借了兩萬元，後來我沒有錢還債，他們竟派人對我狠下殺手。但誰知道當晚我正好與馬西教授換了房間，而且當時賓館停電了，黑暗中兇手一定將教授當成了我。」探長卻說：「事實不是這樣的吧？」探長為什麼不相信他的話呢？

破案關鍵

馬西教授留着大鬍子，助手卻沒留鬍子。當兇手捂住馬西教授的口鼻時，即使在伸手不見五指的黑暗中也理應可以立即感覺到他不是那位助手。由此可見，馬西的助手在編造謊言。

原來，助手挪用公款的事被教授發現了，助手便想出這個計劃，殺害了可憐的教授！

真相大白

案情說明

一個於車禍受傷的男傷者在法庭提告，指他的左臂無法上舉，喪失了勞動能力，因此要求法官判肇事者給他作出巨額賠償。法官早已看出原告在說謊，但因為原告串通了醫生，取得一份病歷證明，法官一時難以揭穿。不過，聰明的法官只詢問了原告兩個問題，就真相大白了。你知道法官提出了什麼問題嗎？

破案關鍵

破案時間 45 秒

法官問原告：「在車禍發生前，你的左臂能舉多高？治療後現在能舉多高？」原告不知這話裏設了圈套，高舉左臂做示範。於是，原告說自己的左臂不能上舉的謊言便不攻自破，真相大白了。

牆上的手印

案情說明

一名集團會計經理在辦公室裏被人從身後開槍擊中了頭部。人們聽到槍聲趕到，發現兇手盜取了一些文件後就逃跑了。不過，兇手不經意間在牆上留下了一個手掌印。從這個手掌印上，你能判斷出這個兇手最大的特點是什麼嗎？

破案關鍵

只要細心觀察現場，你就會發現犯人在牆上留下的掌印是右手的，這說明當時兇手有可能是左手持槍，很大機會是個左撇子。

兩個嫌疑犯

案情說明

一天，傍晚某區大廈停電，探長就出外散步。他突然聽見附近一座橋上有人呼救，便立即衝了過去。他看見一個包着頭巾的男子跳進河裏游泳逃走了，而橋上躺着一位女士，她說：「李家大宅……」隨即就昏過去了。探長把女士送到醫院救治，然後立即趕到李家大宅調查案件，只見到一個光頭矮子和一個留長髮的人；那個長髮的男子正在牀上蓋着被子睡覺。你認為這兩人中誰最有嫌疑呢？

破案關鍵

破案時間 40秒

最有嫌疑的應該是那個光頭矮子。由於罪犯是從河裏游泳逃走的，因此一定會全身濕透，衣服濕了可以立即換掉，但頭髮卻不能馬上弄乾，因為當時停電了，犯人未能使用風筒。在牀上睡覺的那個長髮男子頭髮並沒有濕，而那位光頭男子有可能只要用毛巾擦一擦頭就行了。所以，這二人中，他最有嫌疑。

真假古董瓶

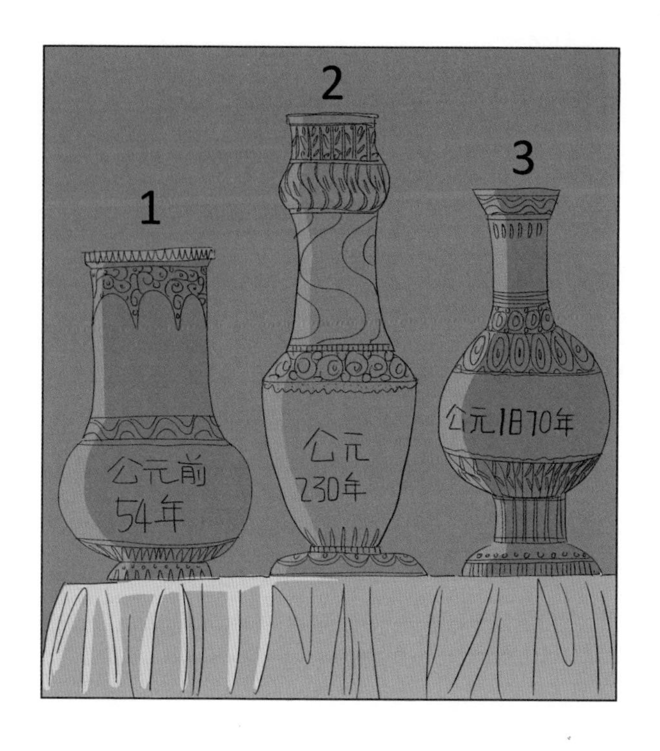

案情說明

在大街上，有一個人拿着三個古瓶叫賣，聲稱這些都是祖傳的古董，非常值錢；因為他家裏出了事，不得不變賣。他說，這三個古瓶上都刻有工匠的印章和製造年份時間，絕對是真品。恰巧探長路過此處，他仔細看了這些印章和時間，就馬上指出這三個瓶子都是假古董。你知道為什麼嗎？

破案關鍵

1、2 號瓶子是假的。因為在公元前 54 年、公元 230 年，還沒有「公元」這個概念，當時的人們根本就不可能用「公元」這個紀年方式；到了 6 世紀，西班牙神學家伊西多爾（Isidore，公元 560-636 年）在別人的基礎上提出了基督紀年法，即現行的公曆。從那時起，人們才開始真正使用「公元」這個紀年方式。3 號瓶子也是假的，原因是古人不會標準確的製造年代，只會標年號。

真假名畫

案情說明

一天，有人前來警局，說他找到了前晚博物館失竊的古代名畫《正午牡丹圖》，想向警察領賞金。探長打開畫卷，只見畫上有幾株正午時分顏色鮮潤的牡丹，牡丹下坐着一隻可愛的小貓，貓眼圓滾滾，十分可愛。不過，探長仔細看後，卻認為這是一幅假畫，那人很不服氣。你能幫助探長找到證據嗎？

破案關鍵

探長發現了一個疑點：貓瞳孔的形狀。正午的時候，陽光充沛，戶外環境光線充足，貓眼的瞳孔理應會因應光線強弱而收縮呈一條線。出色的畫家在寫生描繪時，應該會注意到這些細節的。因此，這有可能是一幅假畫。

謀殺未遂

難度指數
★★☆☆☆

案情說明

大富豪維特患有認知障礙症，經常在外迷路。他的姪兒想謀害他，以早日繼承遺產。一天晚上，他的姪兒悄悄地把吃了安眠藥而沉睡的維特帶走，用汽車載到一處很偏遠的公園裏，然後扔下他獨自回家了。他的姪兒認為即使維特被人發現，也不會有人懷疑他是被害的。可是，第二天，警方找到維特，並公布這是一宗謀殺未遂案。到底警方是如何知道有人要暗害維特的呢？

破案關鍵

破案時間 20秒

因為警方發現維特在當晚是吃了安眠藥入睡的，而吃了安眠藥的人是不可能自行出門到這麼偏遠的地方。而且，在財產利益上，他的姪兒亦有明顯的犯案動機。

獵槍的疑惑

案情說明

約翰被人發現在他的房間裏中彈倒地。警長來到現場，發現他胸部中彈，身旁放着一把長管獵槍，獵槍的扳機上只有約翰的指紋。從現場來看，約翰看來是自殺的。請你再仔細觀察一遍現場，你認為這案件有可疑嗎？

破案關鍵

約翰是被別人殺害的。獵槍的槍管較長，比一般人的前臂長。死者想用它向自己胸腹部開槍，就必須要用腳趾來扣動扳機，而不可能用手指扣動扳機；所以，獵槍的扳機上應該留下腳趾紋，而不只是手指紋。

神秘的地方

案情說明

深夜，小偷阿宏被探長追緝。他拚命逃跑，跑呀跑，來到一座巨大建築物的一道小門前。他穿過小門，突然眼前出現了一片寬闊的草地。在夜色籠罩下，整個草地漆黑一片，空無一人。正當阿宏慶幸之際，探長卻突然輕易發現他了，無處容身。請問，阿宏逃到了一個什麼地方？

破案關鍵

原來，小偷逃進了一個大型足球場內。探長打開了足球場的燈光照明設備，草地上頓時便亮如白晝，無處可藏了。

巨款被劫

案情說明

莊偉負責押送一筆巨款去銀行，運送途中被賊人持械行劫了！莊偉連人帶款失蹤，警方卻說他不一定是劫匪，這是怎麼一回事呢？小偵探，你知道為什麼嗎？

破案關鍵

劫匪把可憐的莊偉與巨款一起劫持了，因為莊偉的手與巨款箱扣在一起。

餐館盜竊案

案情說明

餐館收銀台的錢櫃被盜了。探長找來幾個疑犯逐一查問。其中，有一位疑犯解釋說：「我剛才是在這兒，可什麼也沒幹！我看見廚師把一隻又紅又肥的大閘蟹從魚缸裏撈起來放進鍋裏，哇，香味一下就飄了出來，真香啊！」探長回答道：「事情已經敗露了，你還編什麼故事？」你知道供詞中有什麼破綻嗎？

破案關鍵

這個嫌疑犯很明顯在說謊。因為大閘蟹煮過後才會變成紅色，剛從魚缸裏撈出來的大閘蟹不會是煮熟了的。

大樹做證

案情說明

雨過天晴，一個人倒斃在一棵大樹下，衣服焦爛，四周地上沒有留下其他人接近的痕跡。大家懷疑死者是被人殺害的。探長仔細觀察了四周環境，卻指出這是純屬一宗意外。你知道為什麼嗎？

破案關鍵

死者是被雷電擊倒的。相信當時死者可能正在這棵大樹下避雨，而雷電常常擊中地面上較高的東西，例如高樓大廈。所以小偵探們，平常下雨打雷時，千萬不要在大樹下躲雨呀。

魚塘怪影

案情說明

郊外有一個很大的魚塘，常常有人在那裏釣魚。一天，魚塘老闆的錢被人偷走了。探長很快找到了疑犯王小猴。通過談話，探長認為王小猴很可能就是小偷。你能從他談話中發現什麼線索嗎？

破案關鍵

魚塘的水面是水平的，垂釣者通過水面的倒影，只能大概看見自己前方或者左右方的東西。他看不到自己身後的人影，當然也就無法清楚辨認身後跑過的人了，可見王小猴的說話不可信。

牧羊奇案

難度指數

★★★★★

案情說明

有一個牧羊人想騙取保險金，於是想到自導自演一宗搶劫案。一天，牧民發現他受傷昏倒在羊欄外，在離地十餘米的羊欄內找到一把手槍，槍旁還有一點紙屑。從現場環境證物分析，人受重傷昏倒後不可能把槍扔出這麼遠，於是保險公司準備給他賠償金。但探長卻認為事主很有可能是在騙人。那麼，你認為探長有什麼理據呢？

破案關鍵

破案時間 57 秒

手槍旁的紙屑就是關鍵！原來，那人在手槍上繫了一條長紙帶，並且先把紙帶的另一端放進羊欄裏，然後再對自己開槍。羊喜歡吃紙，牠一邊吃紙，一邊就把手槍慢慢地拖進了羊欄裏。

誰是罪犯

案情說明

一天夜裏，在美國舊金山郊外，一名持槍匪徒潛入銀行盜竊。他打碎窗戶玻璃，伸手打開窗上的鎖進入室內，並開槍打傷了聞聲趕來的銀行職員。在盜取了金庫中的巨款後，匪徒迅速逃之夭夭。第二天，警察很快抓到兩名嫌疑犯。你知道 A 和 B 中誰是真正的罪犯嗎？

破案關鍵

破案時間 54 秒

B 是真正的罪犯。他是從外面打碎左側的玻璃窗再伸手打開裏面的鎖進入室內的，這就說明，犯人是個左撇子。所以，手槍掛在左側的 B 是罪犯。當然，用右手也能打開鎖，但是手臂彎曲起來很不方便，所以，不太可能用右手。如果罪犯是右撇子，應該會打碎右側的玻璃。

狡猾的劫匪

案情說明

一位歹徒搶劫了銀行後，被人看見駕駛一輛轎車向環城公路逃竄。警方立即封鎖了附近各個路口並截查車輛，卻始終沒能發現該轎車的影子。

探長仔細看了路口的監控錄影片，指着片中出現的唯一一輛重型貨櫃車說：「歹徒是乘坐這輛貨櫃車逃跑的。」為什麼探長會這樣說呢？

破案關鍵

歹徒們行劫後就把轎車駛進一架重型貨櫃車，他們連人帶車躲藏在貨櫃中掩人耳目。

光從哪裏來

案情說明

在一宗案件中，一名嫌疑犯供稱自己於昨晚案發時間八時至十時，獨自在家看書。警察說：「昨晚這一帶八時至十時發生停電，而且你家中也沒有準備蠟燭和手提照明燈，你是在說謊吧！」可事實上這人真的沒說謊，這是怎麼一回事呢？

破案關鍵

原來，這個嫌疑犯是個視障人士。即使眼睛看不見，視障人士也可以透過觸覺，觸摸凸字來閱讀。

一張照片

難度指數
★★★★★

案情說明

馬先生家有貴重的財物被人盜竊，警方認為這是熟人所為。馬先生的姪兒對探長說自己是個天文愛好者，案發當晚他在家中的屋頂上一直按着快門拍攝天空的星星，並且拿出了一張當時拍攝、聲稱經過「曝光 1 小時」的照片來作不在場證明。照片是 11 時 30 分至 12 時 30 分拍攝的，拍下了七顆閃閃發亮的星星。探長想了想，搖搖頭說：「就憑這張照片，你就擺脫不了嫌疑。」你覺得探長說的有道理嗎？

破案關鍵

如果他以相機快門進行曝光拍攝，那麼所得到的照片不可能有清晰的星星圖像。因為隨着地球的自轉移動，照片上的星光應該會出現一條圓弧形的光線軌跡，稱為「星軌」。

不顧而去

案情說明

一個司機開車撞倒一位老太太後不顧而去，迅速逃逸了。他把車駛回家中車庫停好。不一會兒，警察根據目擊者提供的車牌號碼，馬上趕到他的家裏調查。司機怎麼也不承認，可是警察只用手摸了一下汽車，就知道他在撒謊了，你知道事情是怎樣敗露的嗎？

破案關鍵

司機說自己沒有啟動過汽車，因而露出破綻。因為汽車引擎運作時產生熱能，令車身發熱，警察只要用手一摸他的汽車引擎蓋，就知道司機在撒謊。

夜捕小偷

難度指數
★★☆☆☆

案情說明

在一個寒冷乾燥的黑夜，天色漆黑，伸手不見五指。有兩個身穿黑色毛衣的小偷，躲在別人屋簷下準備行竊，以為沒人看見自己。不巧，樓上倒下的垃圾把他們的衣服弄髒了，他們就把身上的衣服脫下來。誰知就在他們脫衣服的時候，被遠處的一位保安發現。那麼，保安是怎麼發現小偷的呢？

破案關鍵

小偷們脫毛衣時，衣物摩擦產生了靜電，他們被電到時發出了喊叫聲，於是引來保安的注意。

易容手術

案情說明

一個殺人犯劫持了一位整容醫生，威逼醫生給他進行臉部整容，不然就會傷害他家人，醫生只好照辦。幾天後，罪犯拆掉紗布，照了照鏡子，完全認不出自己，感到非常滿意。然後，他把醫生綁在椅子上，嘴裏堵上毛巾，以爭取時間逃走。可他剛出門在街上走了沒多久，就被迎面而來的警察發現，並馬上被拘捕了。聰明的小偵探，你知道這是怎麼一回事嗎？

破案關鍵

原來，聰明的整容醫生依照一個通緝犯的容貌來給那個殺人犯整容，於是警方以為他是那個通緝犯，便把他抓住。

秘密會議

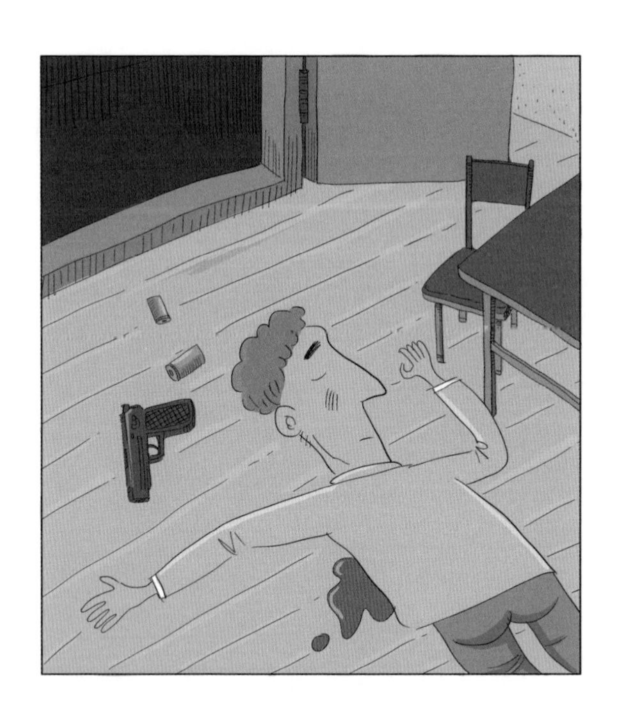

案情說明

W 國的間諜在一處房間裏進行秘密會議。第二天，當局發現其中的一個間諜在房間內被人槍殺了。局長找到會議的召集人薩萊小姐。她說：「我們當時正在聚會，突然聽到有人敲門。他走過去開門，只見門外站着一個戴面具的人，朝着他開了兩槍，然後把槍扔進房間就逃跑了。我們還沒有來得及通知你。唉，這真是太不幸了。」但局長卻不相信薩萊的話，現場有什麼可疑之處嗎？

破案關鍵

現場的確有可疑的地方。如果蒙面人在門外朝他開槍，彈殼就不會落在房間內，而是在房間外。

機智的預言家

案情說明

有一個窮兇極惡的傢伙，準備要殺死一個有名的預言家。行刑前，壞傢伙要預言家最後預言一下自己的下場，想借此羞辱他。然而，預言家說了一句就讓自己脫險了。你知道預言家說了什麼呢？

破案關鍵

預言家對那傢伙說：「用絞刑處死我！」若真用絞刑那麼他的預言是對的，按條件就應該槍斃，然而要執行槍決，就說明這預言是錯的，按條件那就必須用絞刑，結果是不能用這兩種方法中的任何一種處死他。預言家用聰明才智救了他自己。

聽障女傭

案情說明

陳太太家境富裕，獨居生活，她請了一位聽障女傭幫忙打掃家居。這天，陳太太外出旅行，家裏車庫被盜。鄰居報案後，探長來到陳太太家，向女傭查問。不論探長問什麼，她都只是一個勁兒地搖頭。探長氣得對女傭說：「唉，你真像一個木頭人！」女傭的臉上出現了憤怒的表情。探長一下明白過來，突然大笑：「別裝了，還是老實告訴我真相吧。」這是為什麼呢？

破案關鍵

破案時間 52秒

要是女傭真是聽障的，就不可能聽懂探長的說話。然而，她臉上的表情說明她聽到探長的指罵，所以她是偽裝成聽障的。

丟失的油畫

案情說明

油畫家靳維報警說他有十幅油畫作品被盜去了。探長問他有沒有看清小偷的長相。靳維說：「我在鑲畫的玻璃反射中清楚看到了小偷的長相，你們快去通緝他吧。」探長想了一下，說：「你根本就沒有被劫什麼畫，你是想詐騙保險金吧！」為什麼探長會這樣說？

破案關鍵

靳維說他從鑲畫的玻璃反射中看到了盜賊的長相，這是不大可能的，因為油畫一般是不用玻璃鑲框的。而且，小偷也不可能在畫家的注視下，一刻間拿着這麼多畫作逃跑。

不在場證明

案情說明

劉小衛家裏的貴重郵票集被人盜竊了，他的鄰居江岩是其中一個嫌疑犯。探長查問時，江岩說：「當天夜裏我哪裏都沒去，在家裏收聽廣播。8 點時我還聽見某台女播音員說，『現在時間是 8 點正』。你瞧瞧，我記性不錯吧。」探長聽後馬上說：「是啊，你記性不錯，撒謊的本領更高。」警長這樣說，依據在哪裏呢？

破案關鍵

探長知道某台廣播電台的報時方式應該是：「現在時間是晚上 8 點正。」這跟江岩所說不一，可以證明他在說謊話。而且，我們可以在任何地方用收音機收聽電台廣播，因此，這個理由也不能成為有力的不在場證明。

記號在哪裏

案情說明

有一天，雞農趙大爺發現雞蛋比平時少了很多，他懷疑是鄰居周二牛偷了他的雞蛋，於是想了一個計策。第二天，周二牛又偷了雞蛋，並當場在養雞場門口被攔截，周二牛卻狡辯說這是他家的鮮雞蛋。趙大爺說他的雞蛋都有記號，便順手拿起雞蛋並打碎，果然每個都有記號。你知道趙大爺在雞蛋上做的是什麼記號嗎？

破案關鍵

趙大爺把壞了的臭雞蛋放進雞舍。周二牛偷的都是臭雞蛋，而臭雞蛋不可能是母雞新鮮生下的。

帆船事故

案情說明

卡爾與外甥一起駕駛帆船出海，不料發生了事故，令卡爾的頭部右側受到重創。卡爾的好朋友詹姆斯博士幫助調查。外甥說：「當時，我們正在右舷操作，迎西南風朝東行駛，突然遇到陣風，帆船向北傾斜，横桿旋轉，他被打中頭部掉進海裏。」詹姆斯道：「事實並不是這樣吧！」詹姆斯有什麼依據呢？

破案關鍵

如果帆船向北傾斜，應該是頭的左側受到重創，而真相卻是右側被重創。這說明外甥不是說錯了，就是在撒謊。

冬天的證詞

案情說明

在寒冬裏，氣溫下降至攝氏零下 15 度。警察查問某宗案件的嫌疑犯，問她昨晚 11 時左右有沒有不在案發現場的證據。那女人說：「昨晚 9 時 30 分時，我那部殘舊的電視機短路，令家中停電，於是我只好趕快去睡了。今天，也就是十分鐘前電力工人才把電線修好。」不過，你觀察一下現場就知道這個女人是在說謊了。

破案關鍵

破案時間 45秒

在寒冷的冬夜裏，要是當時停電了一夜，那麼魚缸裏的加温器自然也會斷電。到清晨時，魚缸裏的水就會變得很冷，那麼她養的熱帶魚應該會進入「睡眠」狀態，甚至會凍死。但是，她那魚缸裏的熱帶魚卻依然顯得活潑，證明這女人在說謊。

誰的最貴

案情說明

我們再來訓練一下偵探必備的信息歸納能力。

這兒有五張手絹。

手絹上綉有星星的比有花的貴；有魚的比有月亮的貴，但它比有太陽的便宜；有月亮的比有花的貴，有太陽的比有星星的便宜。

你能排出由最便宜到最貴的手絹的順序嗎？

破案關鍵

答案是：花→月亮→魚→太陽→星星

懸樑自盡

案情說明

一位老人在自己的住所裏上吊自盡了。探長趕去調查，在現場沒有發現任何有外人進出的痕跡。而死者的身下只有一個空紙箱，根本不能承受一個人的重量。如果箱子裏面放有冰塊，那麼冰融化後地上會有水漬，而現場卻沒有發現。你知道這是怎麼一回事嗎？

破案關鍵

破案時間 58秒

那位老人在紙箱內裝了乾冰。當他被發現時，乾冰早已氣化成二氧化碳，所以在現場不會留下任何痕跡。

大年三十的月亮

案情說明

年三十晚上，李江去父母家吃團年飯。不料，有小偷趁他的家裏沒人時把屋內的貴重物品盜竊一空。第二天，警察調查了他的鄰居劉二。劉二說：「昨晚，我看見附近的小混混阿泰從李江的房子裏衝出來，一溜煙不見了。雖說我離他有二三十米遠，但昨晚的月光很亮，我能清楚看到他的臉。」警察想了想，立即指出劉二在撒謊。你知道劉二的說話有什麼破綻嗎？

破案關鍵

原來，大年三十的晚上是看不見月亮的，何來月光呀？

遺書的真偽

案情說明

探長的助手歎氣說道：「我女友的父親因交通事故受傷卧牀不起，仰面躺在牀上用圓珠筆寫了一份三頁的遺書，字跡無法辨認，也無法判定遺書的真偽……」探長接着說：「這遺書當然是假的啦！」為什麼探長立即就能知道遺書的真偽呢？

破案關鍵

病人仰面躺着用圓珠筆寫字，在紙上寫不了幾行，筆就會不出油墨的，更不要說寫一份長長三頁紙的遺書了。

騾子生產了

案情說明

村子裏的一輛拖拉機於昨天下午 3 時到 4 時被盜去了。探長和警察到每家每戶查問當時的情況。張富貴對探長說，案發時他在家裏，因為他的騾子經歷難產，他守了一天一夜，所以哪兒也沒去。不過，張富貴話一出口，臉色頓時變白了。原來，他為了掩蓋自己偷車的事實，故意撒了謊。不料，自己發現情急下說錯話了。你知道他的說話有什麼破綻嗎？

破案關鍵

騾子是馬和驢雜交的動物，牠的基因有缺憾，難以繁殖下一代。因此，張富貴的說話不能成立。

毒蘑菇疑案

案情說明

一名經驗豐富野外旅行家萊爾被發現昏迷倒臥在自己的帳篷外。他的帳篷設在一棵大榆樹下。經過現場調查，從剩下的飯菜裏，警方發現裏面有可疑的毒蘑菇殘渣。警方估計事主在晚餐時吃了一些蘑菇。因此，初步認為他是不小心食物中毒。不過，警長在仔細觀看了現場的照片後，認為旅行家很有可能是被人謀害的。你看了現場照片，認為警長的判斷正確嗎？

破案關鍵

破案時間 18秒

警長的判斷有道理。既然死者是一名經驗豐富的野外旅行家，照常理他會懂得在野外紮營不應該選擇在大樹底下的。因為如果天氣驟變下起雷雨，在大樹下休息很有可能遭遇雷擊。而且，他也應該知道不可以隨便採摘或進食野生植物。所以，死者很有可能被人毒害。

追捕逃犯

案情說明

探長追捕一名逃犯，來到一處十字路口，不知道犯人朝哪個方向去了。看了現場，你知道逃犯逃跑的方向嗎？

破案關鍵

犯人向左邊逃去了。因為左邊樹林裏的鳥兒受驚飛走了，說明有人剛經過那裏。

狡猾的間諜

案情說明

某國有一條非常重要的鐵路，很多軍用物資主要通過這條鐵路運輸，這條鐵路要途經一個大山洞。間諜很想知道這個山洞的實際長度以策動破壞，但該國對這條鐵路的保安非常嚴密，每當載客列車經過山洞時，洞內不會亮燈，而且列車內所有的窗戶、窗簾也會關上，根本就看不見山洞的情況。但狡猾的間諜信心十足地登上了途經大山洞的列車，他到底有什麼辦法呢？

破案關鍵

由於鐵路是利用一截一截的鋼軌鋪成的。為了避免因熱脹冷縮造成路軌變形，早期的火車在每截鋼軌之間都會留有縫隙，車輪壓在上面就會產生聲響，也就是我們坐火車時所聽到的咣噹、咣噹聲。這些鋼軌的長度標準相等，所以間諜只要留意火車過山洞時，車輪發出的咣噹聲，只要記下在山洞裏行駛時一共發出了多少次咣噹聲，就可以推算那裏用了多少段路軌，從而估計該山洞的長度。

爭執糾紛

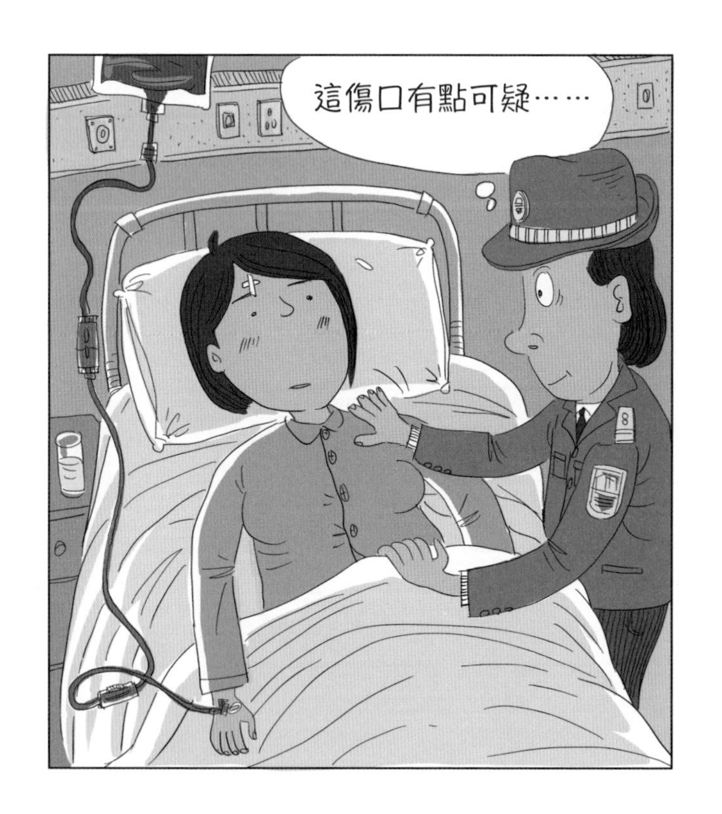

案情說明

一日，有兩人扭着來到警察局。甲指着乙說：「他在山上砍柴時，與我妻子吵架。他惱羞成怒，用柴刀刺傷了我的妻子。」警察馬上趕往醫院，發現那位婦女確實被刀刺傷，傷口大概有兩厘米長。最後，警察卻說有疑點，兇徒可能不是乙。你能猜出警察的依據是什麼嗎？

破案關鍵

砍柴時所用的柴刀前端是平的。如果是用柴刀斬傷了人體，傷口不會只有兩厘米長，由此可見，甲的證供有可疑。

神秘的失物

案情說明

人們發現地盤工人阿牛有偷竊的行為。於是，工地上的保安悄悄監視他。保安發現阿牛每次走出工地大門，總會推着一輛手推車，不過車上都是一些木材碎料、不用的電線頭和一些建築垃圾等不值錢的東西。那麼，你知道阿牛在工地上偷的究竟是什麼呢？

破案關鍵

阿牛偷去的其實是手推車。

巨額保險

案情說明

李先生因車禍受了重傷，生命垂危。李太太抱着兒子到醫院探望他。當晚，李太太、兒子和李先生的母親都在病房陪着李先生。可天亮後，李先生死去了；死因是被人拔去了氧氣管，呼吸衰竭所致。李先生曾暗地裏買下一份巨額保險，李太太、母親均並不知情，而保險的受益人是他年僅兩歲的兒子。那麼究竟誰是兇手呢？

破案關鍵

我們可以嘗試用排除法來推斷兇手，從利益關係上作分析：巨額保險的受益人是他的兒子，當李先生去世，李太太就會成為兒子的監護人，保險金將暫時由李太太管理，所以她也有嫌疑。但是，李太太事前對巨額保險並不知情，所以她不會對李先生下毒手。同樣的，李先生的母親也不可能謀殺親兒。

事實上，真正的犯人是他們不懂事的兩歲兒子，這是一宗不幸的意外。就在大人疲倦入睡時，孩子玩耍時拔掉了李先生的氧氣管，大人因而沒能及時制止這個不幸的意外發生，最終導致李先生窒息死亡。

臥室毒殺案

案情說明

高爾小姐不幸中毒身亡，死亡時間為前一天晚上的10時左右，死亡原因是氰化鉀中毒。室內一切完好，沒有盜竊的痕跡。警方認為她是服毒自殺，但卻難以找到高爾小姐自殺的理由。據了解，她的舊同學皮特當天曾拜訪過死者，但晚上7時就離開了。死者有服食安眠藥膠囊劑幫助入睡的習慣。如果是他殺，死者或會反抗掙扎，造成環境凌亂，但現場卻沒有扭打的痕跡。那麼，這到底是怎麼一回事呢？

破案關鍵

這很有可能是謀殺，兇手就是皮特。他將氰化鉀裝在膠囊中，再混入高爾小姐的安眠藥裏。高爾小姐服用後，在膠囊尚未溶化時，皮特就先行離去，製造自己不在場的假象。

煤氣爆炸

案情說明

一天，張先生回到家，發現門窗緊閉的家裏發生了煤氣洩漏。他連忙跑進廚房，開啟了抽氣扇。可就在這時，發生了煤氣爆炸，張先生身受重傷。後來，他才知道當時自己做錯了一件事。小偵探，你知道他什麼地方做錯了嗎？

破案關鍵

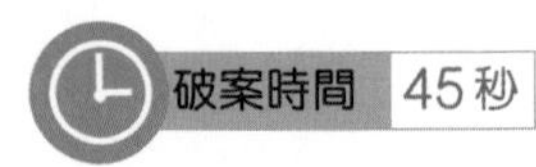

原來，當他去開啟抽氣扇的時候，電機轉動瞬間產生了電火花，自行引發了煤氣爆炸。因此，當我們發現室內有氣體洩漏，並且濃度很高時，記住千萬不要接聽電話、開啟電器。這時，應關閉煤氣喉管的氣閥，打開門窗讓空氣對流，馬上逃離現場，並通知鄰居暫避，然後在安全的地方報警求助。

巨款在哪裏

案情說明

販毒頭目攜巨款入境，但海關在他的行李內只發現了一些隨身物品，如換洗衣物、錢包、名片夾、數張鈔票及一些硬幣，並沒有發現巨款。於是，他就這樣成功攜帶巨款過關。你知道他把巨款藏在哪裏了嗎？

破案關鍵

其實這些硬幣就是巨款。販毒頭目用大量金錢買來了數枚珍貴的古錢幣，放在錢包裏，借此逃過了海關的檢查，然後再賣出去，換取現金。

閉門失竊

難度指數

★★★☆☆

案情說明

出納員對剛進門的警察說：「昨晚 12 時，有兩個蒙面人突然衝進來把我捆綁在椅子上，他們撬開了保險箱，搶走了全部現金。你看，直到今天早上我還被捆在這兒。」請仔細看看現場，你相信出納員的說話嗎？

破案關鍵

破案時間 45 秒

不信。因為這時牆上鐘的時間是6時，說明出納員應該已經被捆了六個小時。然而，房內煮食爐上正在燒開水，水煲冒着大量的水蒸氣。要是出納員真的被長時間捆綁，那麼水煲應早已燒乾水了，由此可以推斷出納員在說謊。

誰是小偷

案情說明

張三、李四、王五、趙六同住一棟樓。他們一個是警察、一個是店主、一個是醫生，一個是小偷。

1. 張三的兒子骨折，張三帶他去看醫生；2. 醫生的妹妹是王五的妻子；3. 小偷沒有結婚，他養了許多雞；4. 李四常找小偷買雞蛋；5. 警察和王五是鄰居。

根據以上信息，你知道小偷是誰嗎？

破案關鍵

破案時間 54 秒

張三是警察，李四是醫生，王五是店主，趙六是小偷。根據 1、2 可知張三、王五不是醫生；根據 1、2、3 可知張三、王五不是小偷；根據 4 可知李四不是小偷，所以趙六必是小偷；根據 5 可知王五不是警察，王五必是店主，張三是警察，李四是醫生。

倒霉的間諜

案情說明

盛夏的一天，據可靠情報，一名間諜會坐在公園的一處長椅上等待接頭。探長秘密找尋了很久，終於發現了一個可疑的人。探長發現他正坐在長椅旁的草坪上。怎樣才能證明他曾坐過長椅呢？探長突然想到一個方法。你想到了嗎？

破案關鍵

長椅有許多空隙，長時間坐在長椅上，背部會出現壓痕，而且夏天時人穿的衣服很薄，壓痕也不容易立即消失。探長只需要走到那人的背後，掀開他的衣服，就可以找到他是否坐過長椅的證據。

煤氣中毒案

案情說明

晚上 10 時，韓冰被鄰居發現他因為煤氣中毒而倒在家裏。據保安員說，韓冰的一位朋友早在晚上 9 時 30 分就離開了他的家。但是，警方仍然判斷他的那位朋友有重大嫌疑。請你看看現場，你知道探長為何這樣判斷嗎？

破案關鍵

那位朋友趁韓冰不注意，先偷偷剪斷煤氣管並用大冰塊壓住它。當冰塊融化後，煤氣大量洩漏，而他正好利用這個時間差，提前離開，讓別人認為案發時他不在現場。

教授的自殺

案情說明

陳教授右太陽穴中彈，倒在書桌上。他的右方留下一把手槍，桌面上還放有一封遺書，而他的右手上握着一枝鋼筆。從現場的情況看，你認為陳教授是自殺，還是被人殺害？為什麼？

破案關鍵

陳教授應該是被人殺害的。他不可能先向自己的右太陽穴開槍，因為這樣會即時斃命，而他死時右手中還握着鋼筆。

沉重的大門

案情說明

阿牛敘述了昨晚發生的事情：「晚上我們正準備上牀睡覺，忽然聽到地下室『砰』的一聲響，我和趙兵趕緊跑到院子裏。我倆用全力拉開地下室的大門。趙兵打開電筒，發現江可一個人昏倒在深坑裏。真奇怪，他是怎樣摔倒在那裏的？」探長回答：「我想，他是被人推下去的。」為什麼探長會這樣說呢？

破案關鍵

破綻在於地下室的大門上。兩人用盡全力才能拉開的大門，江可一個人是很難拉開的，更不用說進去後還要把門再關上了，由此可見當時至少還有兩個人同時在地下室裏。

臉色異常

案情說明

小毛昏迷在牀上，臉部呈鮮紅色，牀旁放有一瓶安眠藥。從現場看，小毛可能是服用了過多的安眠藥導致昏迷。不過，探長看了一眼卻說：「小毛是一氧化碳中毒，快給他輸氧氣。」探長的依據是什麼？

破案關鍵

因為探長發現小毛的面部皮膚呈鮮紅色，這正是一氧化碳中毒者會出現的病徵。

一氧化碳是一種無色無味的氣體，讓人不易察覺它的存在。人體吸入過量一氧化碳時，初時會感覺疲倦，頭痛輕微不適。當吸入的一氧化碳濃度高時，人會感到噁心、暈眩、嘔吐、呼吸急促及肌肉無力，最後身體的皮膚呈現鮮紅色。

欲蓋彌彰

案情說明

在警察局裏，一位婦女來報案陳述：「昨天下午，有人趁我不備，想搶我的錢包，幸好被我罵走。晚上 8 時，又有人趁我沒有鎖上大門，擅闖到我的房間裏，並用刀威脅我……」這位婦女的說話可信嗎？

破案關鍵

不太可信。既然這位婦女下午就曾遭人企圖搶劫，為何她回到家後還不去鎖上大門，毫無防範呢？

誰是竊犯

案情說明

一天早上，商店剛開門，珠寶店老闆發現保險箱中的一盒鑽石被盜走了，於是不露聲色地詢問三個知道保險箱密碼的店員昨晚的行蹤。你認為他們三人中誰是盜竊鑽石的嫌疑犯呢？

破案關鍵

最有嫌疑的是那個說自己不知道鑽石被盜的店員。因為老闆並沒向任何人說過鑽石被盜的事，結果他自作聰明，卻不打自招了。

一杯咖啡

案情說明

在一家西餐廳，一個人在已喝了兩口的咖啡裏發現了一小根頭髮，於是叫侍應生重新換一杯。不一會兒，侍應生端着另一杯咖啡遞給他，他看了一眼，立即指出這還是那杯原來的咖啡。事實的確如此，侍應生只是把頭髮取出來了而已，但這人是怎麼知道的呢？

破案關鍵

原來，那客人為那杯普通咖啡添加了糖和牛奶。他一看這杯新端來的咖啡是有牛奶的，就知道侍應生並未更換了。

可疑之處

難度指數

★★☆☆☆

案情說明

一國際航班降落在香港國際機場。檢查官在查看一個外商護照時，發現他居然是早上從泰國首都曼谷出發，經菲律賓首都馬尼拉，再經越南首都河內，最後飛抵香港的。檢查官立即指出此人很可疑。這是為什麼呢？

破案關鍵

　　從曼谷有直達香港的航班，沒有必要繞這麼大個圈子。假如是一般的旅客，根本不會在一天之內飛去那麼多地方的。經審查，這人果然是個毒犯。

偽裝的自殺

案情說明

一天清晨，一位電影明星被發現死在自己的房間裏。她全身蓋着毛氈，頭部右邊太陽穴有一個彈孔，手槍在枕頭旁，看起來似是一宗自殺案。但是，探長看了現場後，卻馬上斷定：「這是別人偽裝的。」你知道這是為什麼嗎？

破案關鍵

破綻在於死者的兩手都放在氈子下面。如果真是自殺，她的手扣動扳機後就不可能再放回到氈子下面，因為子彈射入太陽穴後，人馬上就會死去，哪有時間再把手放回氈子下面呢？

奇怪的藥片

案情說明

一名間諜被捕，在他的住處搜出了許多氨基比林（aminopyrine）藥片和牙簽。他說這是因為他患有偏頭痛，並且愛剔牙，所以經常備有這兩樣東西。經暗地觀察，他並沒有偏頭痛和剔牙的習慣。最後，他以「間諜罪」被起訴。你知道這是為什麼嗎？

破案關鍵

從前，人們曾經利用氨基比林作鎮痛藥，後來發現它會引起嚴重的副作用，因而被停用。別小看氨基比林和牙簽，它們可都是舊式秘密傳遞情報的常用工具：氨基比林溶液可以充當無色「墨水」，而牙簽可用來當筆使用。

戲院疑案

難度指數

★★★☆☆

案情說明

三月一日早上，林利發被發現倒卧在街上，他在醫院醒來後跟探長說：「我是昨晚七時下班後，在小巷遭強盜襲擊了。」探長抓到了一個疑犯，並詢問他昨晚到哪裏去了。疑犯拿出二月廿八日的戲票說道：「昨晚七時我正在戲院看電影，怎可能同時在其他地方出現！」但探長卻不接受他這個不在場證明，其中最大的破綻是什麼呢？

破案關鍵

因為探長知道今年是閏年，二月比平常多出一日，三月一日的前一晚是二月廿九日。所以疑犯即使拿出了二月廿八日的戲票出來，也不能作為他昨晚的不在場證明。

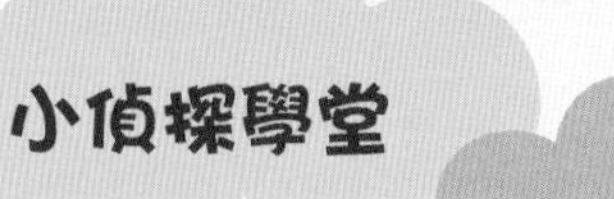

地圖中的玄機

你有沒有發現，電影裏的偵探在外出行動時，往往會準備一幅地圖，他們大多善於準確地找出地名、路線、方位、距離等等信息。能看懂地圖，甚至能繪製地圖是每個偵探必備的技能。我們就來學習一下閱讀地圖的基本技巧。

地圖是按一定的比例，運用符號、顏色、文字標記等顯示地球表面的自然地理、行政區域、社會經濟狀況的圖表。地圖上有三項重要的要點，包括：比例尺、方向、圖例。

比例尺： 表示地圖上的距離和實際距離縮小的比率，方便計算地圖上兩點之間的距離；

方向： 指示了地圖上的方向，也就是圖上的上下左右代表真實環境中的東南西北；

圖例： 指的是地圖上的不同顏色的符合地圖符號和文字説明，包括地理名稱和數字等，表示出地形特徵和景物，如山脈、河流、鐵路、公路等。

我們拿到一份地圖，首先要根據圖上的方向，找到與之對應的實際方向，確定方向後，我們可以通過比例尺，算出實際環境中的距離。如，地圖上的「1:1000」表示實際環境中的一段路的長度是地圖上的這段路的長度的 1 千倍。接下來，我們再仔細看地圖上的圖例，上面會標注道路的名稱，還有大樓、公園、山川、河流等等名稱，這些就更方便我們得到目標的信息。

只要我們在生活中多留心觀察，就會學得到更多的地圖知識，這樣，我們就不會迷路啦！

小偵探學堂

世上最偉大的偵探？

福爾摩斯 (Sherlock Holmes)——相信世界各地的人都聽說過這個大偵探的名字。其實，他是英國小說作家阿瑟·柯南·道爾 (Arthur Conan Doyle) 筆下的一個虛構人物。在小說中，這位聰明絕頂的大偵探，擁有驚人的邏輯推理和搜集資料的能力。

福爾摩斯這個角色栩栩如生，讓人們都深陷他的魅力；至今，我們也常常在小說、漫畫、電影和電視劇中看到福爾摩斯的身影。各位小偵探，你想成為福爾摩斯嗎？要成為一名出色的偵探，我們就要具備以下各種不同的能力：

觀察力： 培養敏鋭的觀察力，細心觀察在犯罪現場各種細節，務求找出罪犯留下的任何蛛絲馬跡，例如：指紋、鞋印、毛髮、物件的布置、疑犯的口供等等，都是重要的破案線索。

專注力： 保持注意力集中，不被環境表象所迷惑，專注思考理解案件中的細節。

邏輯力： 把從犯罪現場得到的線索排列和歸納起來，進行推理思考，作出假設提問和分析。

想像力： 把自己代入其中，站在受害人和疑犯的角度思考。從犯罪現場的線索思考分析，在腦海中模擬事件發生的經過。

記憶力： 訓練頭腦，把學習各方面的知識化為終生不忘的記憶；把犯罪現場的細節一一記下，有助迅速進行推理分析。

小偵探學堂

對抗網絡世界的壞蛋

現今社會，我們在生活上已離不開智能手機、電腦等電子設備。它們帶給我們資訊和娛樂，我們可以隨時透過互聯網進行通訊聊天、玩遊戲，或瀏覽網頁。可是，小偵探們，我們在使用智能手機時，一定要小心，因為網絡世界裏可能潛伏着壞蛋！大家要記住以下的安全守則：

一、 不要打開不明來歷的釣魚信息，例如短信或電郵等告訴你「中獎了」的可疑附件。

二、 不要隨便點擊陌生信息裏包含的網址，也不能隨意安裝遊戲軟件，這些都有可能是黑客們設計的陷阱，用來盜取你的個人資料、賬户或金錢。

三、 不要沉迷電子遊戲、隨便購買遊戲中的「寶石、金幣」之類的虛擬升級裝備物品。

四、 不要在網絡上結識陌生人或應邀會面；

五、 切勿隨便輕信別人，或接受任何不當的要求。

六、 不論何時都不能在電話、網絡上告訴別人自己的賬户資料及個人的真實資料，例如姓名、學校、家庭地址、父母姓名和電話等。

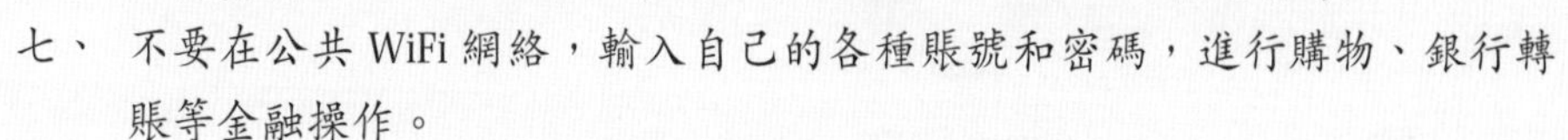

七、 不要在公共 WiFi 網絡，輸入自己的各種賬號和密碼，進行購物、銀行轉賬等金融操作。

八、 假如在社交通訊軟件上收到一些可疑的信息或電話，例如「警察正在通緝你」、「你的家人受傷被送到醫院了，需要金錢」等等，請不要輕信，並告訴父母。

九、 遠離色情及不雅的網站。

十、 注意使用智能手機和平板電腦的時間，避免沉迷網絡世界。

小偵探學堂

毒物的玄機

在偵探小說世界裏，兇手利用毒藥犯罪殺人的情節司空見慣。在這個世界上，有很多東西也可以被兇手利用作為毒物來謀財害命，有些東西看似平常，也容易獲取，有些化學藥品則是普通人不能輕易取得。

有時候，一些不起眼的食物也可以成為致命的「毒物」，因為有些人患有食物過敏症，對花生堅果類、芝麻、雞蛋、牛奶、小麥、大豆、魚及貝殼類等食物敏感。要是他們不小心吃下這些食物，嚴重時可能會誘發過敏性休克，出現呼吸困難或血壓降低，引致生命危險。

另外，無處不在的空氣也可以殺人於無形。例如，一個具有醫學經驗的罪犯可以利用空氣來奪人性命。在進行人體靜脈輸送或注射時，如果靜脈注入了空氣，很容易會令血液出現空氣栓塞。當大量的空氣形成氣泡進入肺部，會阻礙血液流動，影響呼吸，甚至會導致心臟停止。

世上有許多無色無味的化學氣體，也能成為「毒物」讓人難以防備，比如，氰化物、一氧化碳。當人體過量吸入這些氣體就會引致神經中毒。而過量服用一些常見的藥物，同樣會變成死亡毒物，例如麻醉止痛藥物：嗎啡、鎮定劑、阿士匹靈和安眠藥等等。要偵破這類謀殺案件，我們就要依賴法醫的檢驗報告來找出線索。

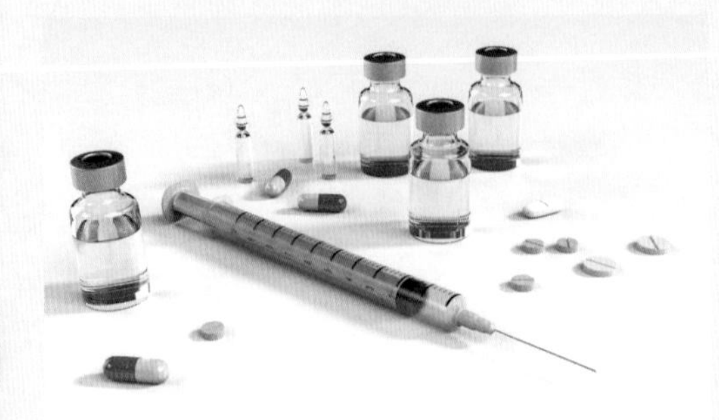

想成為一名優秀的偵探，就要學識廣博，具備化學、物理、生物等方面的知識，還要觀察入微。小偵探們，好好學習吧，你們也能練就一雙破案的「火眼金睛」！